INVENTAIRE
V 29337

AF466135

V

L'ABREGE' DES VOITVRES

PAR L'ABREGE DES sinuositez & nauigation des eaux mortes des vallons, paluds, terres inondees & ionction des riuieres nauigables ioignant les deux Mers.

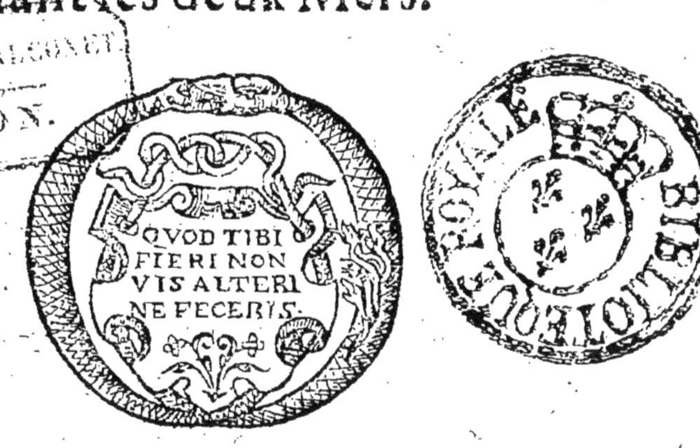

A PARIS,
Chez MELCHIOR MONDIERE,
en l'Isle du Palais, ruë de Harlay
aux deux Viperes.

M. DC. XXVII.

L'ABREGE' DES Voitures par l'Abregé des Sinuositez & nauigation des eaux mortes, des valons, paluds, terres inondees & ionction des riuieres nauigables ioignant les deux Mers.

LA chose publique estát fondee sur le profit que l'on tire de la nauigation par la facilité des voitures, il n'y a presque Estat, Royaume, ny Republique qui de siecle en siecle n'en ayt eu quelque dessein, les vns ayants esgard à la commodité de leurs armees comme Lucius Veterus

Consul Romain qui entreprit de ioindre la Moselle auec le Rhin par vn Canal de dix mil, à fin que les armees Romaines sãs se harasser par les chemins peussent estre conduites par bateaux par le Rosne, puis par la Saone en ceste trãchee, & de là par la Moselle entrer dans l'Ocean par le Rhin. Les autres ont eu esgard à la commodité du commerce comme l'Empereur Charlemagne qui entreprit la ionction des deux Mers par vn Canal de cinq lieuës depuis la riuiere d'Aude qui s'engolphe dãs la mer à Narbonne iusqu'à la riuiere de Lers qui s'escoule dans la Garonne. Autres ont proposé la ionction des deux mers par vn canal entre la Riuiere d'Armanson qui descend dans la riuiere d'Yonne

Qui Mosellã Sonio fluuio iungere conatus est fossa ducta decem milliariorum ut è Mediterraneo mari Classis Romana sine itineris impedimentis naues primum Rhodano fluuio inde per Saonium ad hanc fossam ex ea in Mosellã, deinceps in Rhenũ donum in Oceanum ducerentur,

& la riuiere d'Ouche qui ioinct la Saone. Autres par la ionction du Rosne & du Loire par vn canal entre la riuiere de la Riue de Gie, qui descend dans le Rosne entre Vienne & Lyon, & la riuiere de Garon ou Furen qui descend dans le Loire.

Mais tous ces desseins sont esuanouys aussi bien que celuy de Briare, par lequel on deuoit ioindre le Loire à la riuiere de Loin qui se perd dans la Seine; & ceux là subsistent qui ont esté faits en Flandre, & és pays Bas, pour ce qu'ils ont esté faits & trauaillez, *secundum artem & cum instrumentis artis*, au grand bien, honneur, & memoire eternelle des Princes, Estats, & Republiques desdits lieux, ausquels & chacun d'eux on peut donner les mesmes loüanges que Pline le ieune donne à l'Empereur Trajan, pour auoir meslé diuerses nations par le commerce, qu'il sembloit beaucoup de choses estre creuës sur les lieux, qui neãtmoins estoiẽt trãsportées de païs fort esloignez. Il n'y a Mausolée, Pyramide, ny bastiment quelcõque qui perpetue plus ses ans & ses autheurs que la pleine nauigation de ces tranchées & canaux, esgalant, mais mesmes rapportant plus de profit que les riuieres naturelles qui sont sujettes aux inõdations, secheresses, contours, & sinuositez, & autres incommoditez qu'il seroit long de déduire.

Diuersas gentes ita cõmercio miscuit vt quod gentium esset vsquam id apud omnes gẽtes natum videretur.

Les lieux plus propres en Frãce pour faire ces tranchees & canaux sont non seulement les valons, mais aussi les marests, paluds, & tertes inondées qui peuuent eſgaler en terroir, profit, & commoditez vne des meilleures prouinces, la nature par la deſcharge d'iceux és riuieres prochaines nous monſtrãt au doigt, & à l'œil ce qu'il faut faire, & par où elle veut eſtre aidée & ſecouruë pour vuider plus aiſément ſes eaux ſuperfluës, & defenduës des inondations & rauines reduiſant ces terres infructueuſes, vraye cauſe des broüillars tant preiudiciables à la ſanté des habitans, & fruicts des terres circonuoiſines. En paſturages, canaux nauigables & Tourbieres, aſſeuré reſtabliſſement des eaux & foreſts, & vſage tant neceſſaire de la forge, fourneaux de brique, tuile, poterie, chaux, plaſtre, & autres.

Et dautant que le trauail de ces canaux que nous propoſons cõſiſtent en longueur, largeur, &

profondeur, nous commencerons par la longueur dont la mesure seroit plus certaine, si on contoit à la Greque ou à la Romaine par mille, ou stades, mais la coustume estant de conter par lieuës & toises, il conuient sçauoir que c'est qu'vne lieuë. Cæsar en ses Commentaires l'a eualuée à deux mil pas; & moy ayant pris la peine de le mesurer en plusieurs endroits ay trouué iusqu'à quatre mil; quelque fois plus quelque fois moins. L'on sçait assez qu'elles ne sont point esgales. Il y en a en Gascogne qui en valent bien trois d'aupres de Paris. Partant nous tenant à vne mesure plus certaine, nous suiurons l'opinion des Arpenteurs qui reduisent la lieuë à cinq mil pas valant à plus pres deux mil cinq cẽs toises, de six pieds la toise, de douze pouces le pied, & douze lignes le pouce.

Pour commencer, faut faire le canal d'espreuue de neuf pieds de largeur pour le passage des nacelles portant vingt-cinq muids de vin, comme celles de la riuiere d'Estampes, faisant de cent en cēt perches de petites Isles, par lesquelles les bateaux puissent aller à l'ētour pour euiter la rencōtre.

Pour la profondeur, lesdites nacelles chargées ne prennent ou n'enfoncent en l'eau que neuf à dix pouces, partant vingt-quatre seront plus que suffisans outre le regorgement par le moyen des chaussees & escluses.

Ce canal d'espreuue peut estre foüillé ou bordé en terre marcageuse, à raison de 5. sols la toise courāte; partāt vne lieuë de deux mil cinq cens toises ne cousteroit que trois cens ſoixante & quinze liu. autant pour le deſdõmagement des terres & conducteurs des ouurages ſeroit deux cens cinquante eſcus, qui peuuẽt eſtre rembourſez par vne année, ou deux de la ferme deſdits canaux au grand bien & ſoulagement de la Choſe publique.

Pour faire ce canal d'eſpreuue il faut faire la Carte exacte des lieux par où on le veut conduire: ſuiure pluſtoſt les valons que s'amuſer à percer & oſter l'eſpaiſſeur des montagnes, ſinon en cas qu'il y euſt moins de deſpenſe & aſſeurãce d'y faire couler & conſeruer les eaux. Cõme par exemple, il n'y a qu'vne lieuë par terre depuis le grand eſgout de la ville de Paris pres les Porcherons iuſqu'à la riuiere de Seine à ſainct Ouyn, pres S. Denys. Et il y en a cinq par la riuiere. Il vaudroit donc mieux si on vouloit faire vn canal, prendre le plus court & couper cinq cens toises de plastrieres qui restent entre lesdits Porcherons & sainct Ouyn, qui seruiroient à border ledit canal iusqu'à ladicte riuiere sur six pieds de haut & espoisseur conuenable, qui ne reuiendra au plus qu'à vn escu la toise massoné de grand libage de pierre, de plastre, terre grasse ou argileuse qui se trouue sur les lieux, dont la despence, comme aussi de l'escluse necessaire à S. Ouyn, & desdõmagement des terres peut estre remboursé par le reuenu d'vne année dudit canal, qui ne seruira point seulement pour abbreger la nauigation, mais aussi pour conduire les grãds esgousts de la ville de Paris ès terres sabloneuses, prairies & pastis aigres de Clichy, la Garenne & S. Ouyn, qu'on pourroit par ce moyen arrouser, fumer, & rendre tres propres pour paistre le bestail affluāt iournellement du marché de Poissy, & autres circonuoisins; mesmes pour establir les tuëries, tanneries, megisseries, & autres mestiers sales qui infectent la ville de Paris, & rendent la riuiere de Seine malade.

Quant aux valons, il les faudra sonder de perche en perche, tant en longueur que largeur, & le tracer par terres noires, moites & tremblantes: & en defaut par terres glaises, & argileuses: Que s'il se rencontre des carrieres & lieux sabloneux par où il faille necessairement passer, il sera plus difficile & la despense plus grande, d'autant qu'il faut tailler le ca-

nal

nal dans la carriere; si sabloneux le faut faire plus large, bailler talus conuenable, le reuestir de gazon, fascines, torchis, ou pierre brute, selon la commodité des lieux, tracer les Isles en ouales ralongées és lieux où le reuestemẽt sera le plus commode de cẽt perches en cent perches les plus esloignées: reduire les sinuositez & contours en droicte ligne selon la commodité des lieux, & le tout trauailler *cum instrumentis artis*: car de trauailler de mesmes outils en lieux sabloneux que dãs les carrieres le sens commũ nous monstre qu'il ne le faut pas faire ainsi en terre noire comme en terre glaise & argileuse. Il n'y a point d'aparence non plus qu'en terre franche, comme en lieux pierreux, sur tout comme dit est, faut se destourner des terres marnes, pierreuſes, ſabloneuſes, qui d'abord nous font belle mõſtre, mais lair ayãt penetré sõt ſujetes à continuels esboulements.

Il faut que j'adiouſte ceci de ſurcroiſt, que les grands Lacs & Mareſts ont des deſcharges ſous terraines, comme les CONIES en Beauce du coſté de ſainct Leger, combien qu'elles fluent du coſté du LOIR: Comme auſſi le grãd mareſt de SEAVX en Gaſtinois, combien qu'il coule par le pont Agaſſon dãs la Riuiere de LOIN. Neãtmoins a ſa deſcharge ſoubs-terraine du coſté de Puiſſeaux, laquelle eſtant deſcouuerte & desbouchée, ce grãd amas d'eau ſe reduiroit en vn cours de riuiere nauigable, & laiſſeroit le reſte en prairies, paſquis tant neceſſaires pour la nourriture du beſtail: Et de la deſcharge d'iceluy la riuiere de PVISEAVX se rendroit nauigable, qui espargneroit de moitié les voictures des vins d'Orleans, Gastinois & autres marchandises affluant par la riuiere de LOIRE; d'autant que d'Orleans à Estampes il y a deux iournées de charroy; & iusqu'à Puiseaux il n'y en a qu'vne. Et si ladicte riuiere de Puiseaux joignant celle d'Estampes au dessoubs de l'Arche-Gomier est plus creuse sans Portereaux, que celle d'Estampes auec portereaux, laquelle à l'Arche Gomier est si basse, que bien que les nacelles flotent chargées sur dix à onze pouces d'eau; neantmoins le plus souuent elles y demeurent sur le grauier, au grand preiudice non seulement des Marchands, mais aussi des Voituriers qui y eschoüent leurs bâteaux : pour raiſon dequoy leſdictes voitures encheriſſent de moitié de iuſte prix. A quoy ſeroit aisé de remedier par vne Eſcluſe nouuelle au deſſoubs de ladicte Arche Gomier, pour faire regorger l'eau faiſant des Turcies & leuees le long deſdites riuieres, comme on fait le long des riuieres de Loire, Cher, & Siole. Ce qui rendroit non ſeulement la nauigation deſdictes riuieres facile; mais auſſi conſerueroit, & mettroit en bon eſtat plus de ſoixante-mil arpens de prez ſiz le long d'icelles, qui ſont de peu ou nulle valeur, à quoy les proprietaires cõtribueroient volontiers cõme auſſi les Marchands; Les deniers eſtant employez à faire les doubles Eſcluſes ou portereaux, couper les ſinuoſitez, les turcies & leuées, leſquelles ne ſeroient ſujetes à l'impetuosité desdictes riuieres cõme celles de la riuiere de LOIRE, d'autant qu'elles ne sont rapides, & seroient bordées de gazons, de terres marescageuses, & Torchis de roseaux, dont les bordages sont couuerts.

L'ARABIE deserte n'a point de fontaines, pource qu'il n'y a point de receptacles pour les eaux. Et n'y a point de receptacles, d'autant qu'il n'y a point de rochers soubsterrains, ou terres glaises, ains des sablons par où l'eau passe comme par vn tamis; Dont s'ensuit que les grandes sources viennent des receptacles des eaux encloses, lesquelles fluent par les veines de la terre ou par les terres noires, que nous appellons Tourbieres, lesquelles estant ouuertes (c'est sans doute) vuideront en plus grande abondance que les pluyes & neiges n'en pourroient fournir. Que si par ces moyens à cause des difficultés soubsterraines la descharge n'estoit suffisante, le trauail ne sera inutile; les eaux desdits Marests proches desdictes Riuieres s'escoulans par ce moyen en icelles; En deffaut de ce, on pourra auoir recours à ce que nous auons dit cy-deuant des valons. Comme par exemple, depuis le Marest de Seaux iusqu'à Puiseaux ou Bromeille, on peut suyuant les valons creuser vne trãchee de neuf pieds de large, laquelle ne pourroit monter au plus qu'à quinze ou seize mille toises, à raison de vingt sols la toise, peuuẽt estre remboursez du profit d'vne année, ou moins. L'Airain & le plomb en morceaux & lingots vont à fonds, reduits en feüille nagent dessus les eaux ; Ainsi en est-il de la conduite de ces ouurages.

Lesquels il faut bien & deuëment sonder, niueler, estendre les pantes & cheutes des eaux : Que si on trouue trop grande despence en la longueur, on prendra le plus aisé & court, & se seruira des doubles escluses pour faire monter & descendre les bateaux par les eaux renfermées en icelles, comme pres de Milan, Tripoly, Flãdre, Pays bas. Que si la cheute est comme de deux, trois ou quatre pieds, faudra faire des Portereaux, & Nacelles, comme sur la Riuiere d'Estampes ; Ce qui seruira de derniere response à l'incommodité que l'õ pourroit objecter, que les moulins en pourroient receuoir dautant qu'il ne s'escoule d'eau que ce qui est dans l'escluse qui est si peu qu'il peut estre reparé en vn moment ; & partant les moulins n'en peuuent receuoir aucune alteration. Les contredisans, pour n'abuser du temps nous les renuoyrons à Frontin Commissaire General des Acqueducts de Rome, au traitté qu'il a faict de *Aquæ fluentis mensura.*

En somme il faut faire les choses à la demande comme on dit, c'est à dire suiuant la commodité des lieux, & obseruer comme au passage des riuieres les lieux gayables, & non les plus courts, comme plus dangereux, de plus grande despense & entretien; ne seruãt rien d'aleguer la longueur de ces canaux, puis qu'il s'y trouue plus de facilité, moins de despense, & plus de pays se ressentira de son vtilité.

Les choses belles sont difficiles, & leur excellence ne peut estre qu'en la difficulté laquelle est applanie par l'ordre cy dessus, consistãt en la parfaicte cognoissance de ce que l'on faict, & non, y aller à tastons, ou selon sa fantaisie; c'est pourquoy celuy à demi acheué qui a bien commencé, se gardant bien de faire comme les ignorans qui disent qu'ils n'y ont point pensé; car il faut y auoir pensé & le sçauoir asseurément auparauant que rien faire; & ne choper deux fois d'vn mesme pied, c'est à dire ne faire cõme nos deuanciers qui ont entrepris pareilles choses & ne les ont acheuées; imitans voire faisans mieux que nos voisins adjoustans à leurs inuentions qui est le naturel des François.

Le canal d'espreuue paracheué faudra employer le reuenu d'iceluy à le faire plus creux & plus large, les escluses, turcies & leuées necessaires, plant d'arbres aquatiques pour l'affermissement & embellissement d'icelles. Ainsi les François qui ne demandent qu'à faire affaires & deuenir riches, aprendront les moyens de faire de grãds reuenus de peu de chose, c'est à dire par mesnage; laisseront leurs vanitez, procés & diuisions pour s'adonner à ces ouurages comme plus honorables & profitables, reprendront leurs premieres brizées & rebrousseront à l'antienne vertu, suiuant comme les autres nations l'vtile rouleront ceste boule de neige à l'infini.

Ce discours sera trouué paradoxe & estrange à plusieurs, mais ils trouueront bien plus paradoxe & neantmoins veritable que la ionction de deux mers par vn canal entre la riuiere d'Armanson & la riuiere d'Ouche est vne designation certaine que ce lieu est le plus haut du monde puis qu'il en sort des riuieres ayant leur cours d'vn costé dans la mer Mediterranée, d'autre dans l'Ocean. Autant en peut-on dire des montagnes de Comminge d'où sort la riuiere d'Aude & la riuiere de Lers, & Garonne qui se rendent, l'vne dans la Mediterranée, l'autre dans l'Ocean. Toutes ces mõtagnes ayans leurs valons esquels s'il se rencontre des rochers peuuent estre ostez sur la largeur de neuf pieds seulement pour le passage des nacelles. La dureté d'iceux n'estãt suffisante d'en empescher l'execution; n'estant question que d'vne toise & demie de large qui est peu de chose. Et la dureté de ces rochers n'estans qu'en la crouste que les eaux ont elauée: car estãt ouuerts par le trepan ou autrement, on les peut casser aussi facilement que les grees de Fontainebleau, ou que les Ingenieurs du Pape Sixte firent casser ceux de Montalte; conseruant le reste de ces rochers comme grandement necessaires pour retenir & mesnager les eaux, & n'en laisser couler que ce qui sera necessaire, comme font les portereaux de la riuiere d'Estampes. Ainsi quoi que par ces valons le cours soit plus long & sinueux, neantmoins plus certain comme receptacles des rauines des eaux & sources desdites montagnes qui sont si abondantes que ramassees & retenuës peuuent donner asseurance de l'effect promis, & nous monstrent le chemin qu'on doit

tenir

tenir autre & plus certain que celuy de nos predeceſſeurs; partant faut ranger nos deſſeins ſelon noſtre pouuoir, & non à l'appetit de nos volõtez, eſtant choſe constante & certaine que les valons ſont notoirement pleins d'eaux, & particulierement le coſté de Narbonne la plus baſſe ville de France, ſize en vne fondriere ou ladite riuiere d'Aude s'engolfe dans la Mediterannée; ainſi lieu propre & conuenable pour faire canaux nauigables pour la ionction des riuieres aboutiſſans aux deux Mers, abregeãt la nauigatiõ de 8. à 9. cens lieuës qu'on eſt cõtraint à preſẽt de faire par la Mer.

Ce qui rendra tous les Roys Princes, Eſtats, & Republiques, tributaires à la Frãce d'vn droict eſgalant la deſpenſe qu'ils font paſſant par les coſtes d'Eſpagne

& destroict de Gilbaltar, outre le debit par eschange, ou autrement de ce qui nous reste de sel, filaces, bleds, vins, cidres, & dont la France est fournie plus abondamment que toutes les Natiõs de la terre.

Ainsi Bordeaux, Tholouze, & Narbonne seront les Estapes de toutes les marchandises de l'Europe. Le commerce François restabli, & le Roy seul souuerain en l'Europe. Tous autres assujetis releuans de luy, comme ils ont fait autrefois du temps de Charlemagne qui nous a le premier tracé ce genereux dessein, reserué au regne du Roy Louis le Iuste, au regne duquel l'execution des plus belles entreprises a esté remise. Puis qu'en son temps Dieu fait paroistre les choses difficiles, voire impossibles autrefois, faciles & aisées à executer à present comme du regne de Salomon, l'or d'Ophir que plusieurs estiment le Perou n'agueres descouuert.

Ce dessein estāt Royal, de grande consequence, vtilité & de peu de despense pour sa Majesté, n'est pas raisonnable qu'autre que luy l'entreprenne, & en retire le profit, & luy baille autre nom que de LOVIS LE IVSTE. Les droicts que sa Majesté prendra sur iceluy estant plus iustes & raisonnables que ceux que les Roys d'Espaigne & de Dannemarch prennent és destroicts de Gilbaltar & Elseigneur. Luy serōt aussi plus gayement & libremēt payez à cause de l'asseurance, vtilité & profit du passage sans qu'il soit besoin pour la perceptiō d'iceux de bastir des forteresses ny des vaisseaux de guerre, dont la premiere despense & entretenemẽt reuient à sommes immenses, qu'il faut que le marchand paye au grand preiudice du commerce. C'est pourquoy ce qui reste à dire est reserué comme chose sacrée à sa Majesté, & à tels de Nosseigneurs de son Conseil qu'il luy plaira commettre pour examiner & voir l'espreuue & eschantilon de chose à plus pres pareille: mais beaucoup plus difficile, & faire son rapport, auec combien d'vtilité le proposant peut seruir le Roy, & l'Estat, la Cõmission resoluë au Conseil en sa faueur sur l'aduis de toutes les Cours où il a esté renuoyé, luy estant deliurée.

ENSVIT L'EXTRAICT du Procez verbal de la visitation ordinaire faicte suiuant les Ordonnances sur les Riuieres de la Ferté, Aleps, & Estampes, par Denis de S. Yon Escuyer, Seigneur de Griseaux du Breuilh, Conseiller du Roy, Maistre Enquesteur & ordinaire reformateur des Eaux & Forests de la ville, Preuosté & Vicoté de Paris, Bailliage Bry Conte Robert, la Ferté, Aleps & Estãpes, au Siege de la pierre de Marbre du Palais à Paris, assisté de Maistre Hierosme Sainct Yon Conseiller du Roy, & Lieutenãt audit Siege, & autres Officiers y desnommez, les vingt huictiesme Iuin mil six cens vingt quatre, & autres iours ensuiuants, contenant les offres & remonstrances à eux faictes *par Maistre Charles de L'Amberuille Aduocat en Parlement, pour la pleine nauigation desdictes Riuieres, amelioration des prairies, employ, chaufage des pauures gens.*

ET procedant par nous à ladite visitation, estant entre Essone, & le Moulin Galand, siz sur ladicte riuiere d'Estampes, seroit comparu par deuant nous Maistre Charles de L'Amberuille Aduocat en la Cour de Parlemēt lequel nous auroit dit & remonstré que cy-deuant il auroit esté deputé par ladite Cour, pour informer du transport du bois de chaufage des pays du Nort en Frãce, esquels lieux il auroit aussi informé du trauail & vsage des terres à brusler, lequel trauail en droicte ligne & façon de Canal, comme on fait en Hollande, se pouuoit aisément & facilement faire le long desdictes riuieres, par le moyen duquel on pourroit faire canal nouueau en plusieurs endroicts grandement necessaire pour la pleine nauigation desdites riuieres, & oster les destours & sinuositez d'icelles, faire des chaussees, & doubles escluses pour les faire; porter par le tirage des cheuaux, en remontant, aussi bien qu'en d'escendant; & escouler les eaux des prairies & marests contigus, *Ce que ledit de L'Amberuille* feroit faire volontiers soubs le bon plaisir du Roy, de Nosseigneurs de son Conseil, & des Seigneurs, communautez & proprietaires des heritages siz le long desdictes riuieres *moyennant* les terres à brusler, qui se trouueront en faisant lesdits canaux & saignees pour conduire les eaux en icelles, & des droicts attribuez pour les nouuelles nauigations des riuieres de France, Turcies & leuées *ad instar des riuieres de Cher & Syole*, & que les Seigneurs communautez, proprietaires à cause de l'amelioration & augmentatiō de leurs prez, mareſts & heritages ſoient tenus chacun en droit ſoy, leur liurer place pour faire leſdicts canaux, saignées & chauſſées és lieux où l'on trouuera terres à bruſler, nourrir & loger les ouuriers trauaillans eſdicts ouurages chacun en droict ſoy. A la charge de reprendre ladicte nourriture, places deſdicts canaux, ſeignées & chauſſées, (dont ſera faite eualuation) tant ſur leſdicts droicts que ſinuoſitez deſdictes riuieres, *Ce faiſant* ledit L'Ambertille fournira d'hommes capables pour conduire le trauail desdicts canaux seignees & chaussees d'Ouuriers, engins, & outils, payeront les gages & iournees des ouuriers trauaillans esdictes terres propres à brusler. Dont ledit L'Amberuille a requis acte pour representer au Roy, & à Nosseigneurs de son Conseil, Seigneurs, cõmunautez, & proprietaires des heritages siz le lõg desdictes riuieres, mesme de ce que pour monstrer la facilité dela propositiõ cydessus, il a sondé les marests siz le long desdictes riuieres, & rapporté par le moyen de la sonde vne façon de terre noire & tãnee, qu'il nous a dit estre terre à brusler appellee Tourbe: lequel acte nous luy auons octroyé pour luy estre pourueu ainsi qu'il appartiendra, & luy seruir & valoir ainsi que de raison. Signé TARDIF.

Pour monſtrer l'vtilité & facilité de l'execution de ladite propoſition, ledit ſieur de Lamberuille a fait depuis à ſes deſpens trauailler au deſſoubs d'Ormoy ioignant ladite riuiere auſdites terres à bruſler, en droicte ligne façon de Canal par le moyen duquel le contour de ladite riuiere & ſinuoſité du lieu eſt oſtee la nauigation abregee, les Turcies & leuees faites les mareſts contigus deſſechez, l'vſage des terres à bruſler introduit non ſeulement pour l'vſage ordinaire, mais auſſi pour les forges, tuileries, fours à chaux, & autres fourneaux qui font le plus grand degaſt de boys.

FIN.

188

www.ingramcontent.com/pod-product-compliance
Ingram Content Group UK Ltd.
Pitfield, Milton Keynes, MK11 3LW, UK
UKHW020219200726
13856UKWH00004B/1484